BEI GRIN MACHT SICH IHR WISSEN BEZAHLT

- Wir veröffentlichen Ihre Hausarbeit,
  Bachelor- und Masterarbeit

- Ihr eigenes eBook und Buch -
  weltweit in allen wichtigen Shops

- Verdienen Sie an jedem Verkauf

Jetzt bei www.GRIN.com hochladen
und kostenlos publizieren

Alexander Henkes

Die Zukunft der ländlichen Räume

Nachhaltige ländliche Entwicklung und Stärkung der regionalen Wertschöpfungsketten am Beispiel des Modellvorhabens REGIONEN AKTIV

GRIN Verlag

Bibliografische Information der Deutschen Nationalbibliothek:

Die Deutsche Bibliothek verzeichnet diese Publikation in der Deutschen National-
bibliografie; detaillierte bibliografische Daten sind im Internet über http://dnb.d-
nb.de/ abrufbar.

Impressum:

Copyright © 2014 GRIN Verlag GmbH
Druck und Bindung: Books on Demand GmbH, Norderstedt Germany
ISBN: 978-3-656-62605-3

Dieses Buch bei GRIN:

http://www.grin.com/de/e-book/271755/die-zukunft-der-laendlichen-raeume

GRIN - Your knowledge has value

Der GRIN Verlag publiziert seit 1998 wissenschaftliche Arbeiten von Studenten, Hochschullehrern und anderen Akademikern als eBook und gedrucktes Buch. Die Verlagswebsite www.grin.com ist die ideale Plattform zur Veröffentlichung von Hausarbeiten, Abschlussarbeiten, wissenschaftlichen Aufsätzen, Dissertationen und Fachbüchern.

Institut für Geographie
Universität Hamburg

Wintersemester 13/14
Hauptseminar

63-153: Regionalprodukte als Motor
nachhaltiger Regionalentwicklung

Die Zukunft der ländlichen Räume

Nachhaltige ländliche Entwicklung und Stärkung der regionalen Wertschöpfungsketten am Beispiel des Modellvorhabens REGIONEN AKTIV

Alexander Henkes

Geographie/Germanistik
Lehramt an Gymnasien
5. Fachsemester

25.02.2014

Inhaltsverzeichnis

1. Einleitung

Regionale Produkte sind heute in des Wortes wahrster Bedeutung in aller Munde. Die Regionen und ihr spezifisches Angebot werden portionsgenau und mundgerecht »verpackt« und vermarktet. Ganze Landschaften schmecken regional, Produkte werden zu einem scheinbar unabdinglichen Teil ihrer Herkunftsregion und eine unsägliche Vielzahl an Herkunftsbeteuerungen, Garantien, Siegeln und Labeln werben für die Echtheit und alle damit zusammenhängenden Vorzüge der regionalen Produkte (vgl. ERMANN 2005, S. 11). Diese regionalen Produkte sind nicht mehr länger reine Exklusivitäten traditioneller, ländlicher Bäckereien, Metzgerläden oder Handwerksbetriebe, sind doch bereits die Großkonzerne und Franchise-Einzelhändler in den Genuss der Regionalprodukte gekommen. Große Handelsunternehmen wie Edeka, REWE, Lidl oder toom gehen Kooperationen mit mehr oder minder regionalen Akteuren und Produzenten ein und erfassen dadurch ein vom Verbraucher erwünschtes, neues Marktsegment (vgl. HASSE 2006, S. 33, GOTTWALD/STEINBACH 2011, S. 72f.).

Im Verlaufe meiner Nachforschungen stieß ich sonach auf den »Premium-Schinken« der Regionalmarke EIFEL. Jener schien vorerst alle positiven Attribute eines erfolgreichen Regionalproduktes aufzuweisen, gleichwie das Endprodukt einer Kooperation zwischen diversen Erzeugern, Verarbeitern und Vermarktern zu sein, in deren Mittelpunkt ein überzeugter und zufriedengestellter Kunde steht. Die Regionalmarke EIFEL verzeichnete eine eminente Umsatzsteigerung, als Kooperationen zwischen den regionalen Erzeugern und diversen Handelsunternehmen geschlossen und somit neue Verkaufsstellen und Absatzmärkte erschlossen wurden. Nunmehr profitiert die gesamte Region, demnach eine Vielzahl unterschiedlichster Interessengruppen von der gegründeten Dachmarke für regionale Produkte (vgl. BMELV 2008a).

Diese Kooperation zwischen dem scheinbar »kleinen Bauern« und dem »großen Konzern« erweckte anfänglich mein besonderes Interesse. Sogenannte Wertschöpfungsketten und genau jene Wertschöpfungskooperationen sind unabdingliche Elemente jeder wirtschaftlichen Aktivität. Die Aktivierung und Intensivierung der regionalen Wirtschaftskreisläufe leistet einen wesentlichen, gar fundamentalen Beitrag zu der nachhaltigen Entwicklung des ländlichen Raumes (vgl. SCHWAB 2010, S. 17, ERMANN 2005, S. 23). Demnach ist es in der folgenden Ausarbeitung mein Anliegen, das Modellvorhaben REGIONEN AKTIV des Bundesministeriums für Ernährung, Landwirtschaft und Verbraucherschutz (BMELV), welches der eben erläuterten Erfolgsgeschichte der Regionalmarke EIFEL zugrunde liegt, vorzustellen und darüber hinaus hinsichtlich der Aspekte der regionalen Wertschöpfung, Wertschöpfungsketten bzw. Wertschöpfungspartnerschaften und der nachhaltigen Entwicklung des ländlichen Raumes zu analysieren. Somit stellt sich die übergeordnete Leitfrage, inwiefern ländliche Räume eine Zukunft haben, und darüber hinaus offenbart sich das dieser Ausarbeitung zugrunde liegende spezifische Problemfeld, inwieweit eine nachhaltige ländliche Entwicklung und Stärkung regionaler Wertschöpfungsketten als Möglichkeit der ländlichen Entwicklung überhaupt initiiert werden kann. Welche etwaigen Maßnahmen sind notwendig und welche Vorteile oder auch Beschwernisse spielen für eine nachhaltige Entwicklung der ländlichen Regionen eine maßgebliche Rolle?

Ebendarum ist es notwendig die Problematik der ländlichen Räume, die durch den Strukturwandel seit dem Ende der 1980er Jahre entstanden ist (vgl. ERMANN 2005, S. 23), ihre grundlegenden Schwierigkeiten und auch Potenziale betreffend, zu untersuchen. Weiterführend muss auf das Problemfeld der Regionsabgrenzung im Allgemeinen und im Spezifischen auf den relationalen Zusammenhang zwischen Region und Wertschöpfung eingegangen werden. Die Termini »Wertschöpfung«, »Wertschöpfungskette« und »Wertschöpfungspartnerschaft« gilt es somit abschließend hinsichtlich ihres Ursprunges und, das Leitthema dieser Arbeit betreffend, ihrer Bedeutung für den regionsspezifischen Kontext zu definieren. Anschließend zeige ich anhand des Beispiels des Modellvorhabens REGIONEN AKTIV eine potenzielle Möglichkeit zur Stärkung und Instandsetzung des ländlichen Raumes auf und revidiere jenes mittels der zuvor erarbeiteten theoretischen Grundlage. Was grenzt somit das alternative Modellvorhaben REGIONEN AKTIV von andersartigen Projekten ab?

Die Wirtschaftsgeographie, in derem Kreise sich diese Ausarbeitung desgleichen bewegt, ist nicht nur durch den Forschungsgegenstand, den ich soeben näher definiert habe, sondern ebenfalls durch die Forschungsperspektive geprägt (vgl. BATHELT/GLÜCKLER 2012, S. 44). Neben der Ökonomie haben vor allem soziologische und kulturwissenschaftliche Aspekte immer mehr an Bedeutung gewonnen, wie beispielsweise die relationalen Ansätze der Wirtschaftsgeographie zeigen. Gleichsam bezieht die Wirtschaftsgeographie wesentliche soziale, naturräumliche und auch kulturelle Teilaspekte bzw. Kontextbedinungen mit ein (vgl. BRAUN/SCHULZ 2012, S. 15). Es gilt daher festzuhalten, dass eine ausschließlich raumwirtschaftliche Perspektive keinesfalls ausreichend ist, um den besagten Untersuchungsgegenstand befriedigend analysieren zu können, besitzen jene klassischen Einflussgrößen (Rohstoffe, Böden,

Arbeitskräfte) alleine nicht genug Erklärungskraft, um die diversen raumwirtschaftlichen Vorkommnisse und Veränderungen zu explizieren (vgl. ebd., S. 16). Ein exklusives Festmachen an der Ausstattung des Raumes und ein folglich auftretendes Abhandenkommen der sozialen und verhaltensbezogenen Aspekte der Wirtschaftsgeographie würde der anfänglichen Fragestellung keinesfalls gerecht werden. Somit ist es unabdinglich das eigentliche ökonomische Handeln mit all seinen vielfältigen Beziehungen zu integrieren. Der relationale Ansatz der Wirtschaftsgeographie wird demnach von nicht minderer Bedeutung sein, hebt er doch innerhalb der Partizipantenebene der Unternehmen die arbeitsteilige Struktur und das soziale Wechselspiel hervor, welche wiederum als wichtige Komponenten der besagten Wertschöpfungsketten zu bezeichnen sind (vgl. BATHELT/GLÜCKLER 2012, S. 44ff.).

2. Der ländliche Raum

Der ländliche Raum des 21. Jahrhunderts scheint ein Stück Vergangenheit zu sein, ist rückständig und geprägt durch eine eklatante Dichotomie zwischen den peripheren Gebieten und dem urbanisierten Raum. Sonach lohnt sich eine nachhaltige Entwicklung jener ländlichen Regionen nicht. Sie sind womöglich verlassene, gar verlorene Räume (vgl. SEEHOFER 2008, S. 21).

Um im folgenden Kapitel näher auf den ländlichen Raum und die mögliche Problematik, die jenen umgibt, eingehen zu können, ist es ratsam, diesen möglichst spezifisch zu determinieren. Gleichsam muss jedoch a priori festgehalten werden, dass das Fixieren auf eine allumfassende Definition ein unmögliches Vorhaben zu sein scheint, sodass ich mich mehr oder minder auf eine Explikation festlegen werde, die dem Ziel und Zweck dieser Ausarbeitung zuträglich ist.

2.1 Eine definitorische Abgrenzung des ländlichen Raumes

Die assoziativen Vorstellungen zum ländlichen Raum können zahlreich und vielfältig sein. Sie reichen vom Felde über die Wiesen und die Dörfer bis zu beschreibenden Adjektiven, die häufig den ländlichen Raum mehr oder minder vom städtischen abzugrenzen wissen. Dabei handelt es sich oftmals um eine Vielzahl an Stereotypen, die regulär nur wenig mit der wirklichen Lebenswelt oder gar einem wissenschaftlichen Verständnis gemein haben. Ausgelöst durch die diversen raumfunktionalen Veränderungen der letzten Jahrzehnte ist der ländliche Raum weit mehr, als seine historische Vergangenheit und die Ausübung der Agrarwirtschaft vermuten lassen. Der ländliche Raum ist geprägt durch eine umfassende Heterogenität und funktional mitnichten auf den Typus »Agrarland« zu reduzieren (vgl. HOPPE 2010, S. 21f., SEEHOFER 2008, S. 21). Ein Verständnis des ländlichen Raumes als homogene Raumkategorie wäre zu trivial und würde eine grundlegende Problematik grundsätzlich ausblenden (vgl. BBR 2012, S. 157). Die Tatsache, dass der ländliche Raum viele Gesichter hat, wird im weiteren Verlauf des nächsten Unterkapitels spezifiziert werden und besonders im Fallbeispiel REGIONEN AKTIV von besonderer Bedeutung sein.

Dennoch oder gerade deshalb gibt es in Deutschland keine explizite, strikte und somit bundesweit gültige Definition des ländlichen Raumes. Die verschiedenen Bundesländer nutzen somit größtenteils unterschiedliche Möglichkeiten der Raumgliederung. In jenen Fällen wird auf diverse Kriterien, wie die Infrastruktur, demnach auch auf die allgemeine Erreichbarkeit, die Raumfunktionen oder die Siedlungsstrukturen, Bezug genommen (vgl. OECD 2007, S. 33). Auffallend ist dabei, dass in Niedersachsen, Bremen und Hamburg über einen längeren Zeitraum hinweg überhaupt keine raumstrukturelle Abgrenzung festgelegt oder näher definiert wurde. Andere Bundesländer hingegen versuchen häufig zwischen sogenannten Verdichtungsräumen, Umland- bzw. Randzonen und ländlichen Räumen zu differenzieren (vgl. BBR 2012, S. 158). Prinzipiell weisen die ländlichen Räume im Vergleich zu den städtischen Gebieten eine niedrigere Bevölkerungsdichte auf und sind durchzogen von eher kleinstädtischen bzw. dörflichen Siedlungsstrukturen. Dabei einzig die Abwanderungstendenzen, die Abgelegenheit, das geringe ökonomische Kapital und die scheinbar hohe Arbeitslosenquote als Definitionsmerkmale heranzuziehen, greift zu kurz, handelt es sich doch ebenfalls um Räume, die durch einen gewissen Suburbanisierungsprozess beeinflusst, als anziehende Wohn- und Erholungsstandorte nachgefragt und durch nicht minder effektive Wirtschaftsformen und -potenziale geprägt sind (vgl. BBR 2005, S. 203). Eine präzise Differenzierung zwischen Stadt und Land scheint nahezu illusorisch, „vereitelt die große Vielfalt ländlicher Räume selbst einfache Unterscheidungsversuche. Der ländliche Raum ist heute weniger denn je eine einheitliche Raumkategorie" (ebd.). Diese Vielfalt sollte jedoch nicht als definitorisches Problem betrachtet, sondern vielmehr als Chance gesehen werden, sich dem Verständnis eines ländlichen Raumes zu nähern. Ebendaher führte der Europarat in der »Europäischen Charta des ländlichen Raumes« den Terminus der »Multifunktionalität« ein (vgl. PENKE 2012, S. 19). Der ländliche Raum ist demnach ein Areal bzw. ein Gebiet an der Küste oder im Landesinneren, dessen überwiegender Teil der Fläche unter die Nutzung der

Land-, Forst- oder Fischereiwirtschaft, des produzierenden Gewerbes, anderer Dienstleistungen, des Handwerkes, der Erholungs- und Freizeitaktivitäten oder schlicht des Wohnens gestellt ist (vgl. BBR 2005, S. 203f.). Verschiedene ländliche Räume können somit vielfältige Funktionen erfüllen, die wiederum die besagte Heterogenität widerspiegeln und begründen (vgl. ebd., S. 212f.). Aufgrund dieser Multifunktionalität ist der ländliche Raum zum Forschungsgegenstand zahlreicher Wissenschaften geworden und wird somit in der Geographie, aber auch in der Geschichte, Soziologie, Politikwissenschaft, Ökologie oder gar Landschaftsarchitektur untersucht (vgl. HENKEL 2004, S. 21f.). In der Geographie kommt es ebenfalls zur Herausdifferenzierung inhaltlicher Schwerpunkte, beispielsweise in der Wirtschaftsgeographie, der Bevölkerungsgeographie, der Freizeit-/Tourismusgeographie, der politischen Geographie oder in der Wohlfahrtsgeographie. Im angelsächsischen, nicht aber im deutschsprachigen Raum hat sich daher die sogenannte »Rural Geography« etabliert, die sich auf die Räumlichkeit des ländlichen Lebens und der Umwelt spezialisiert hat (vgl. ebd., S. 29f., LARSEN 2013). Während sich die Begrifflichkeiten ländlicher Raum, Siedlung oder Dorf über längere Zeit kaum verändert haben, so waren doch die Inhalte durchaus einem Wechsel unterlegen. Wie bereits herausgestellt wurde, handelt es sich um synthetische Begriffe, die sowohl definitorische Übereinstimmungen als auch Diskrepanzen aufweisen. Eine fixe Festlegung würde demnach einen komplexen Untersuchungsgegenstand klittern und in seiner Vielschichtigkeit limitieren (vgl. hierzu auch HENKEL 2004, S. 30f.).

Festzuhalten bleibt demnach, dass ländliche Räume keinesfalls ausschließlich ihrer geographischen Lage oder ihrer Besiedlung wegen als jene ausgezeichnet werden können. Die eben erläuterte Multifunktionalität basiert auf diversen ökonomischen, ökologischen und sozialen Komponenten und darf deshalb, gerade in Verbindung mit dem Leitthema dieser Arbeit mitnichten vernachlässigt werden (vgl. hierzu auch PENKE 2012, S. 19). Jene Vielfältigkeit und Definitionsschwierigkeit muss somit eben nicht als Problematik, sondern als möglicher Ansatz der ländlichen Entwicklung verstanden werden, sodass eine allumfassende Definition an dieser Stelle weder möglich noch nötig ist. Vielmehr ist es unabdinglich, sich von einer urbanen Perspektive auf den ländlichen Raum und etwaigen eilfertigen Urteilen zu lösen (vgl. ebd., S. 20).

2.2 Die Problematik und ein Ausblick zur Entwicklung des ländlichen Raumes

Die Einführung in dieses Kapitel führte eben jene, derartige (Vor-)Urteile auf. Der ländliche Raum sei demnach verlassen, wirtschaftlich und sozial verloren, weit entfernt von einer Annäherung an die städtischen Gebiete und somit keinesfalls der Mühsal einer nachhaltigen Entwicklung wert. Folglich scheint ein neues Denken notwendig und eine Überwindung der tradierten Stereotype unausweichlich, um ländliche Regionen zukunftssicher zu machen (vgl. SEEHOFER 2008, S. 21). Auch wenn HORST SEEHOFERS fünf Ziele zur nachhaltigen Entwicklung der ländlichen Räume, die ich im Folgenden erläutern werde, mutmaßlich politisch indoktriniert, somit ebenfalls persönlich und emotional zu sein scheinen, zeigen sie doch durchaus wichtige Indikatoren auf, die für den späteren Verlauf meiner Analyse von besonderer Relevanz sein werden.

Wie bereits aufgeführt wurde, ist es notwendig, (1) die Vielfalt des ländlichen Raumes anzuerkennen. Da die besagten Räume nicht homogen sind, sich somit anhand vielfältiger Merkmale und Faktoren (Naturraum, Tradition und Kultur, Wirtschaftspotenzial) unterscheiden lassen, sollte jene Diversität gleichsam als Kraftquelle, nicht als Problematik interpretiert werden. Um die Attraktivität des ländlichen Raumes nachhaltig zu fördern, ist es ebenfalls notwendig, (2) die Lebensqualität auszubauen. Demnach benötigen ländliche Räume eine Basis durabler Infrastruktur, die den Charakteristika der jeweiligen Regionen angepasst ist. Darunter fallen der Verkehr bzw. die Kommunikation, die Versorgung aber auch Bildungseinrichtungen. Wie aus der Zusammenstellung der Abb. 1 und Abb. 2 erkenntlich wird, weisen vor allem die ländlich geprägten Räume ein Defizit an Infrastrukturmaßnahmen auf. Die Abb. 3, welche die Zentrenerreichbarkeit darstellt, spiegelt ein kohärentes Bild wider. Demnach weisen ländlich geprägte Regionen gegenüber den urbanisierten Räumen ebenfalls ein Bedeutungsdefizit auf. Ärztliche Versorgungseinrichtungen, Bildungsanstalten, Bibliotheken und soziale Einrichtungen müssen zusammen mit der Natur- und Kulturlandschaft weitläufig zugänglich gemacht werden. Die Dichotomie zwischen

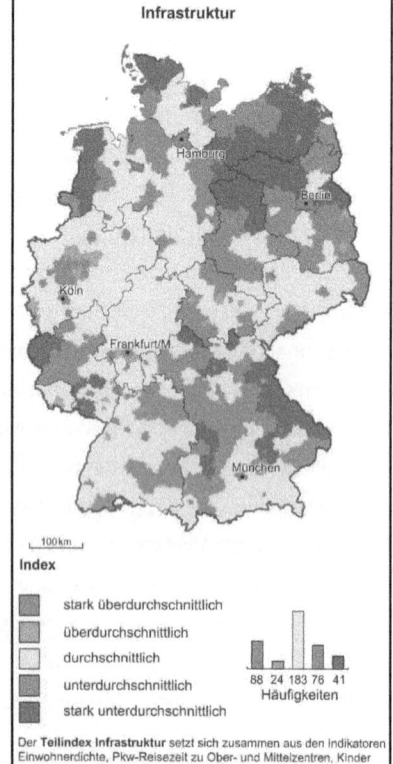

Abb. 1.: Dimensionen regionaler Lebensverhältnisse: Infrastruktur (BBR 2012, S. 25).

Stadt und Land gilt es demnach zu verringern. Eine Anbindung des Lokalen an das Regionale, Nationale oder gar Globale steigert somit die Lebensqualität immens.

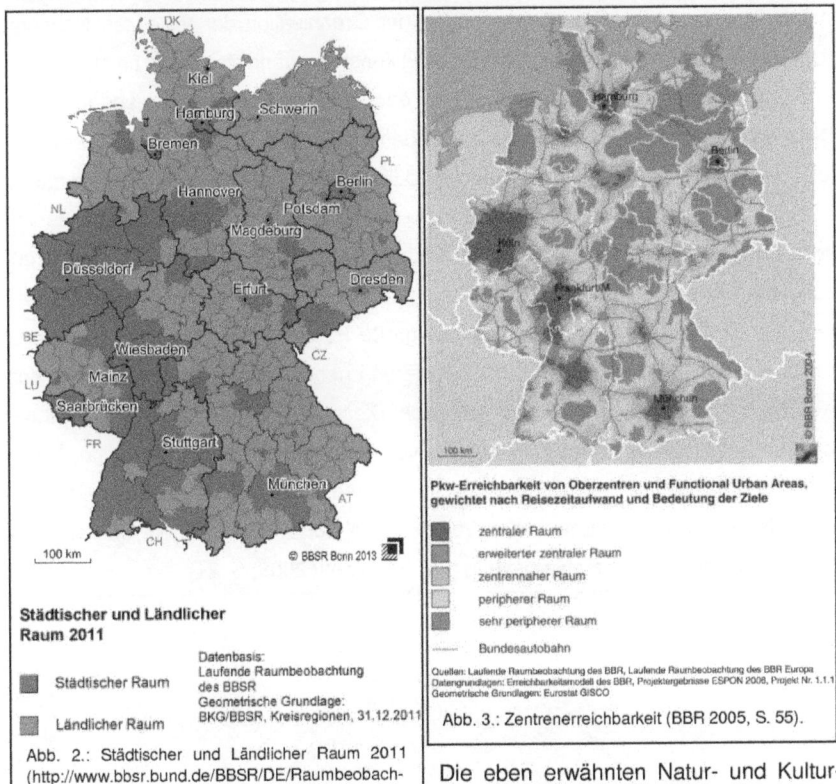

Städtischer und Ländlicher Raum 2011

▰ Städtischer Raum	Datenbasis: Laufende Raumbeobachtung des BBSR Geometrische Grundlage:
▱ Ländlicher Raum	BKG/BBSR, Kreisregionen, 31.12.2011

Abb. 2.: Städtischer und Ländlicher Raum 2011 (http://www.bbsr.bund.de/BBSR/DE/Raumbeobachtung/Raumabgrenzungen/Kreistypen2/Download_Karte2012_PDF.pdf?__blob=publicationFile&v=2) (download: 26.01.2014).

Pkw-Erreichbarkeit von Oberzentren und Functional Urban Areas, gewichtet nach Reisezeitaufwand und Bedeutung der Ziele

▰ zentraler Raum
▰ erweiterter zentraler Raum
▱ zentrennaher Raum
▱ peripherer Raum
▰ sehr peripherer Raum
----- Bundesautobahn

Quellen: Laufende Raumbeobachtung des BBR, Laufende Raumbeobachtung des BBR Europa; Datengrundlagen: Erreichbarkeitsmodell des BBR, Projektergebnisse ESPON 2006, Projekt Nr. 1.1.1; Geometrische Grundlagen: Eurostat GISCO

Abb. 3.: Zentrenerreichbarkeit (BBR 2005, S. 55).

Die eben erwähnten Natur- und Kulturlandschaftsräume müssen darüber hinaus erhalten bleiben. Es muss daher

(3) eine Balance zwischen den ökonomischen, ökologischen und sozialen Belangen her- und ein nachhaltiges Handeln sichergestellt werden. Darüber hinaus steht (4) die Stärkung des regionalen Zusammenhaltes im Mittelpunkt. Den ländlichen Räumen soll die Möglichkeit der dezentral eigenständigen, regionsspezifischen Entwicklung etwaiger Lösungsansätze ermöglicht werden. Die Menschen wollen und dürfen keinesfalls bevormundet werden. Eine Region zeichnet sich als Verantwortungsgemeinschaft aus, bildet eine eigene Identität heraus, basiert auf dem Zusammenwirken diverser Akteure und darf von staatlicher Seite nur durch mögliche Rahmenbedingungen angeleitet werden. Dem Staate steht es demnach im besten Falle nur zu, Freiräume zu

schaffen (vgl. SEEHOFER 2008, S. 21f.). Dieser Aspekt soll besonders anhand des folgenden Modellvorhabens REGIONEN AKTIV erneut aufgegriffen werden.

Die Agenda 21, ein Handlungsrahmen der Organisation der Vereinten Nationen (UNO), die ein Zieldreieck der Nachhaltigkeit konstituiert und sich somit an alle Länder und Gemeinden der Welt richtet, greift die eben aufgeführte »Trinität« abermals auf. Die Abb. 4 zeigt einen zusammenschauenden Leitkonnex, der auch auf die Entwicklung des ländlichen Raumes in Deutschland übertragbar ist. Darunter fällt, und darauf soll in den folgenden Kapiteln insbesondere Bezug genommen werden, die ökonomische Dimension (vgl. HENKEL 2004, S. 390ff.). Somit ist (5) die Erhöhung der Wertschöpfung in ländlichen Gebieten von besonderer Bedeutung, haben jene doch ebenfalls wie die klassischen Ballungszentren große Potenziale zur Verwirklichung ihrer regionalen Wirtschaftskraft inne. Die Lancierung neuer Technologien und eines notwendigen Know-hows ist dabei obligatorisch. Diese Maßnahmen umfassen nicht nur die Landwirtschaft, sondern ebenfalls die vor- und nachgelagerten Bereiche, Handwerksbetriebe und andere mittelständische Unternehmen. Folglich eröffnen sich neuartige Möglichkeiten zur Entwicklung regionaler Wertschöpfungsketten. Der ländliche Raum bleibt sonach wettbewerbsfähig (vgl. SEEHOFER 2008, S. 21).

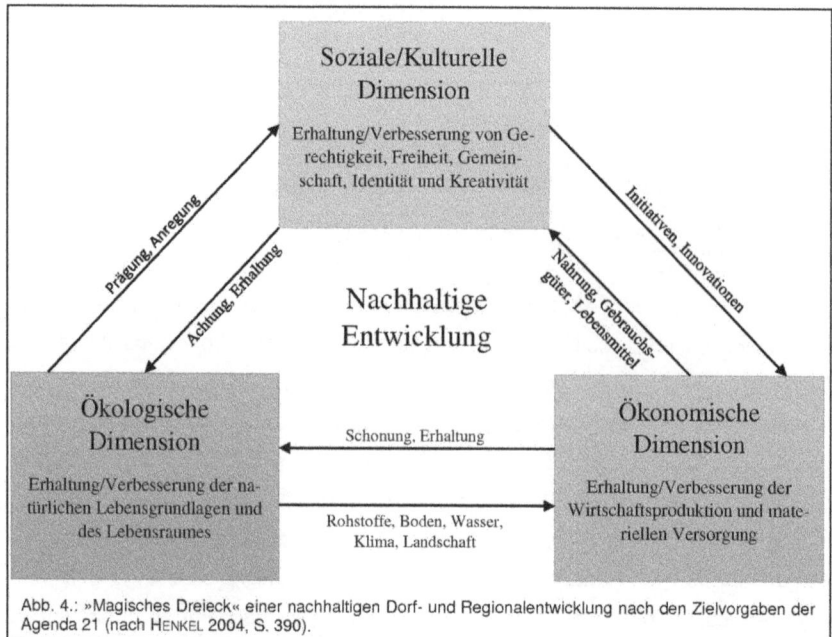

Abb. 4.: »Magisches Dreieck« einer nachhaltigen Dorf- und Regionalentwicklung nach den Zielvorgaben der Agenda 21 (nach HENKEL 2004, S. 390).

2.3 Zur definitorischen Fassbarkeit der »Region« aus geographischer Sicht

Bevor im dritten Kapitel näher auf die soeben aufgeführten Wertschöpfungsketten und darüber hinaus auf eventuelle Wertschöpfungspartnerschaften und -netzwerke, die eine potenzielle Möglichkeit zur Entwicklung des ländlichen Raumes darstellen mögen, eingegangen werden kann, muss besonders im Hinblick auf das anschließende Modellvorhaben REGIONEN AKTIV genauer definiert werden, was unter einer Region eigentlich zu verstehen ist. Ebendeshalb wird die folgende Begriffsabgrenzung bereits an dieser Stelle in jener Art und Weise zu definieren gedacht, dass sie für den weiteren Verlauf der Ausarbeitung möglichst differenziert und zuträglich ist.

Wird sich demnach eine einheitliche Definition von »Region« zum Ziel gesetzt, so eröffnen sich weitreichende Problemfelder. „»Region«: Das war einmal eine realräumlich gegebene, im Erdraum scheinbar unverrückbar fixierbare, in einem Atlas [...] darstellbare Raumeinheit. Für viele naturwissenschaftliche Geographen gilt diese Sichtweise auch heute noch. Für postmoderne oder [...] postpositivistische Humangeographen ist dieses naive Regionsverständnis allerdings unwiederbringlich dahin" (BLOTEVOGEL 1996, S. 64). Die mögliche Abgrenzung bzw. der Zuschnitt einer Region ist somit in großem Maße durch die Fragestellung bzw. Perspektive geprägt, anhand jener der eigentliche Untersuchungsgegenstand betrachtet werden soll (vgl. WEIß 2006, S. 27). Die Geographen tragen sonach keine „räumliche [...] Einheitsbrille mehr, die dasselbe zeigt und insofern eine gemeinsame fachliche Perspektive sichern könnte" (BLOTEVOGEL 1996, S. 64). Wenngleich der Begriff »Region« nicht allumfassend zu definieren ist, so kristallisieren sich dennoch verschiedene theoretische Ansätze heraus.

Folglich lassen sich Raum und Region nach einem neueren Verständnis sowohl objektiv als auch subjektiv konstituieren. Auf der objektiven Betrachtungsebene ist die Region ein abgesteckter, dreidimensionaler Aussschnitt der Erdoberfläche und wird durch historische, administrative oder naturräumliche Grenzen determiniert und bezieht sich ebendeshalb nicht selten auf einen physischen Raum (vgl. LESER 2011, S. 756, KALIWODA 2007, S. 14). Diese Orts- und Distanzangaben lassen sich dabei intersubjektiv nachvollziehen, sind jedoch ebenfalls an gewisse Konventionen gebunden (vgl. ERMANN 2005, S. 63). Die Region lässt sich aber gleichermaßen subjektiv konstituieren. Somit gibt es beispielsweise eine regionale Identität, die dem Regionsverständnis und -bewusstsein der Bevölkerung zugrunde liegt. Sonach spielen Aspekte wie Vertrautheit, Nähe und Heimat eine entscheidende Rolle. Über diese objektiv-subjektive Definition hinaus kann eine Region sowohl stärker aus der Sicht des einzelnen

Individuums oder aus der des Kollektivs betrachtet und als gegebener Raum konstituiert werden (vgl. SEIFERT/FINK-KEßLER 2007, S. 5). ERMANN konstruiert demnach an dieser Stelle vier Haupttypen von Regionsbildung, die für die Regionalität von Nahrungsmitteln von besonderer Relevanz sind (Abb. 5).

Regionsdefinition	kollektivistisch/absolut	individualistisch/relational
objektivistisch	Ausschnitt der Erdoberfläche; definiert durch naturräumliche, administrative oder historische Grenzen oder durch »wissenschaftliche Regionalisierungen«	»Das Verortete« und »das Nahe«: bezogen auf individuelle Marktteilnehmer und/oder Produkte, aber »Ort« und »Nähe« intersubjektiv nachvollziehbar
	Beispiel: »aus der Region« = »aus dem Regierungsbezirk Oberpfalz«	*Beispiel: »aus der Region« = »aus dem Umkreis von 25 km um den Betrieb«*
	»formale Regionalität«	
subjektivistisch	Ausschnitt der Erdoberfläche mit kollektivierter Regionsbildung (»regionale Identität«)	»Das Bekannte« und »das Vertraute«: bekannte Produktionszusammenhänge und die Vertrautheit mit den Zusammenhängen (Effekten)
	Beispiel: »aus der Region« = »aus dem Heimat-/Kulturraum Aischgrund«	*Beispiel: »aus der Region« = »direkt vom Erzeuger«*
	»inhaltliche Regionalität«	

Abb. 5.: Regionsdefinitionen (nach ERMANN 2005, S. 64).

Kollektivistisch-objektivistisch konstruierte Regionen zeichnen sich dabei sowohl durch die bereits erwähnten naturräumlichen, administrativen und historischen Aspekte als auch durch die Struktur- bzw. Verflechtungsansätze einer raumwirtschaftlichen Regionalisierung aus. Ist in einer solchen Region ein gewisses Zugehörigkeitsgefühl verortbar, so ist diese als kollektivistisch-subjektivistisch gebildete Region zu bezeichnen. In diesem Fall gehen die Regionsabgrenzungen womöglich über etwaige administrative Grenzen hinaus oder überschneiden mehrere. Weiterführend erscheint das Konzept der individualistisch-objektivistisch konstruierten Region eher weniger sinnvoll, lässt eine Abgrenzung ausschließlich anhand der formalen Distanz zu viele Faktoren außer Acht und würde somit dem Leitgedanken dieser Ausarbeitung widersprechen (vgl. ERMANN 2005, S. 63f.). Gleichwohl wird jene Distanz gerade im Marketingbereich als wichtiges Charakteristikum herangezogen. Regionalität und Region scheint in diesem Fall mehr als nur emotionale Nähe zu sein (vgl. EDEKA Minden-

Hannover Stiftung & Co. KG 2013, S. 3). Die individualistisch-subjektivistische Konzeption geht darüber hinaus und zieht nicht die räumliche Distanz als Raumwiderstand heran, sondern schlägt eine metaphorische Lösung vor, die beispielsweise die Entfernung anhand der Bekanntheit oder emotionalen Nähe zu einem Raum kalkuliert (vgl. ERMANN 2005, S. 63f.). Eine Region ist demnach in der Regionalvermarktung als Raumeinheit zu verstehen, die die naturräumliche Ausstattung auf der einen Seite und die menschliche Nutzung und Beziehungsstruktur auf der anderen Seite in einem Gleichgewicht gegenüberstellt (vgl. ERMANN 2006, S. 30).

Kritisch zu betrachten ist jedoch, dass ERMANN an dieser Stelle keine explizite Differenzierung zwischen Region und Regionalität, die sich demnach gegenseitig bedingen, zu ziehen und seine Theorie schlichtweg auf regionale Nahrungsmittel zu beschränken scheint. Die Frage, woher das regionale Produkt eigentlich stammt, wird somit ausschlaggebend für eine mögliche definitorische Abgrenzung der Region. Die Regionalität bezieht sich demnach explizit auf das besagte Produkt. Nichtsdestominder ist jene »Vierteilung« im Bezug auf die Fragestellung dieser Ausarbeitung von Vorteil, beinhaltet sie doch die eingangs angesprochenen sozialen und verhaltensbezogenen Aspekte und reduziert die Regionsdefinition mitnichten auf eine naturräumliche Determinierung. Somit bleibt festzuhalten, dass der Terminus »Region« im engeren und dennoch umfassenden Sinne unmöglich zu definieren ist, bilden doch die diversen Sichtweisen die verschiedensten plausiblen Standpunkte heraus.

3. Wertschöpfung, Wertschöpfungsketten, -partnerschaften und -netzwerke

Die vorherigen Kapitel haben gezeigt, wie vielfältig der ländliche Raum ist und wie steinig der Weg zu einer gänzlichen Überschau der Thematik sein mag. Wie bereits herausgestellt wurde, stehen besonders die Regionen des ländlichen Raumes vor einer Reihe prekärer Probleme, die es zu bewältigen gilt. Eine Möglichkeit jene Probleme, welche alle drei (soziale, ökonomische und ökologische) Dimensionen gleichermaßen zu betreffen scheinen, in Angriff zu nehmen, ist die Förderung, Herausbildung und nachhaltige Stabilisierung der regionalen Wertschöpfung, ganzer Wertschöpfungsketten bzw. sogenannter Wertschöpfungspartnerschaften. Dazu empfiehlt es sich, besonders im Zusammenhang mit der Regionsabgrenzung und den regionalen Wirtschaftsvorgängen zwei weiteren wichtigen Aspekten Aufmerksamkeit zu schenken. Zum einen sollten die Regionen kleinformatig abgesteckt sein, um eine gewisse Überschaubarkeit, ein Erreichbarsein und ebenfalls die regionale Identifikation sicherstellen zu können. Zum anderen muss die Region weit genug gefasst sein, um alle

11

Potenziale und Möglichkeiten der regionalen Wirtschaftsaktivitäten und Produktion in-
kludieren zu können (vgl. GAITSCH/GANZERT 2003, S. 41ff.). Dennoch kann und wird
der Terminus »Region« von den diversen Akteuren der Wertschöpfungsketten äußerst
inhomogen aufgefasst und verwendet (vgl. DEIMLING/VETTER 2003, S. 52).

Bevor im folgenden, vierten Kapitel das Modellvorhaben REGIONEN AKTIV vorgestellt und in den Kontext dieser Arbeit eingebunden werden soll, muss vorerst das
Konzept der Wertschöpfungsketten im Allgemeinen und darauffolgend im spezifischen, thematischen Bezug zur regionalen Entwicklung behandelt werden. Das Konzept der Wertschöpfungskette wird ebendarum in die zwei Subtermini »Wertschöpfung« und »Wertkette« dekomponiert werden, um den Zugang zu erleichtern.

3.1 Das Maß der Wertschöpfung

Die sogenannte Wertschöpfung wird als Erfolgsgröße bzw. -maß in der Betriebs- und
Volkswirtschaftslehre herangezogen und stellt dabei grundsätzlich den geschaffenen
Mehrwert dar, welcher durch die Aktivitäten einer wirtschaftlichen Unternehmung, einer Wirtschaftseinheit geschaffen wird. Folglich impliziert dieser Mehrwert sowohl die
wirtschaftliche Eigenleistung der Unternehmung als auch das generierte Einkommen
der diversen Partizipanten, die im Folgenden genauer erläutert werden sollen. Demnach muss festgehalten werden, dass die Wertschöpfung eine Leistungsgröße darstellt, die, wie sich weiterführend zeigen wird, der Analyse, Steuerung und Optimierung

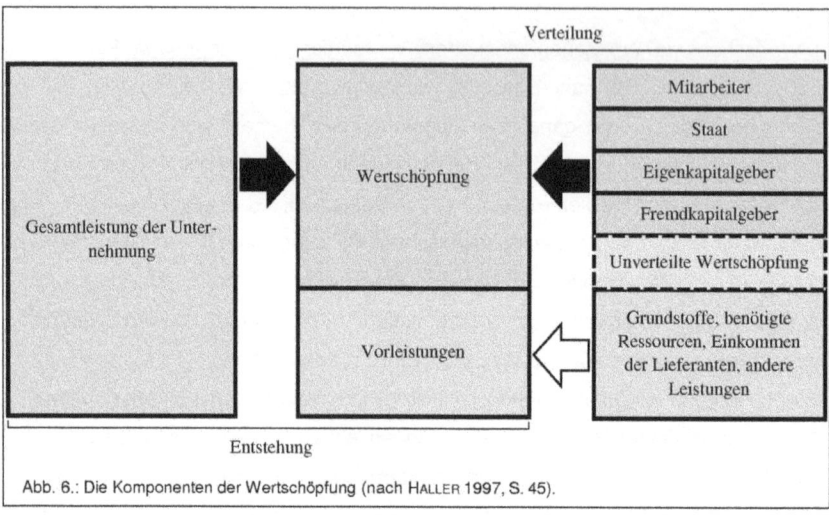

Abb. 6.: Die Komponenten der Wertschöpfung (nach HALLER 1997, S. 45).

einer wirtschaftlichen Aktivität zugrunde liegt (vgl. HALLER 2002, S. 2131). Der Terminus der »Wertschöpfung« ist in der Betriebswirtschaftslehre und Volkswirtschaftslehre jedoch nicht in toto äquivalent. Somit stechen selbst innerhalb der einzelnen Teildisziplinen divergierende Definitionen heraus (vgl. SCHÖNBERGER 2011, S. 13). Ebendaher sollen die Begrifflichkeiten, um sich nicht zu weit von der eigentlichen Materie dieser Ausarbeitung zu entfernen, auf »verallgemeinerte«, möglicherweise durchaus stark simplifizierte Erklärungen reduziert werden, die der Leitfrage zuträglich sind.

Wie bereits herausgestellt wurde, ist die Wertschöpfung ein inhärenter, unabdinglicher Teil aller ökonomischer Aktivitäten. Erst der eigentliche, in Aussicht gestellte Mehrwert veranlasst ein wirtschaftliches Subjekt zu den diversen Wirtschaftsaktivitäten und -aktionen. Darüber hinaus offenbaren sich zwei Bedeutungsfelder. Zum einen stellt die Wertschöpfung in ihrer traditionellen Bedeutung das eigentliche Ergebnis des Prozesses dar und zum anderen kann der Terminus »Wertschöpfung« ebenfalls für die Beschreibung des ganzheitlichen Prozesses stehen, der einen Mehrwert generiert. Das englische Äquivalent »*value added*« bringt dabei das eigentliche Konzept treffender zum Ausdruck: »Wert hinzugefügt/Wert hat beigetragen«. Es handelt sich demnach um den generierten Mehrwert, welcher sich wiederum aus dem geschaffenen Wert einer Unternehmung, abzüglich dem vorher verzehrten Wert zusammensetzt (vgl. HALLER 2002, S. 2131). Diese Produktion von Dienstleistungen oder Sachgütern ist als ein Leistungserstellungsprozess zu verstehen, welcher sich in diverse Unterproduktionsstufen aufteilen lässt (Abb. 6). Die beteiligten Wirtschaftseinheiten beziehen demnach Güter von anderen Unternehmen der vorherigen Stufe, führen einen Transformationsprozess durch und reichen jene Güter höheren Wertes an ein folgendes Wirtschaftssubjekt weiter (vgl. SCHÖNBERGER

$$WS = GL - VL$$

Wertschöpfung =

Gesamtleistung –

Vorleistung

=

(Güter/Dienstleistungen)

Abb. 7.: Wertschöpfung. Subtraktionsmethode (nach HALLER 2002, S. 2132).

$$WS = EA + EK + ES + UW$$

Wertschöpfung =

Einkommen der Arbeitnehmer +

Einkommen der Kapitalgeber +

Einkommen des Staates +

unverteilte Wertschöpfung

=

Gewinn

Abb. 8.: Wertschöpfung. Additionsmethode (nach HALLER 2002, S. 2132).

2011, S. 14f., HALLER 1997, S. 30). Demnach lässt sich der Prozess der Wertschöpfung in einer vereinfachten Gleichung wie folgt abbilden (Abb. 7).

Darüber hinaus stellt die Wertschöpfung ebenfalls das Einkommen dar, welches an die Partizipantengruppen, die an der Erstellung der Leistung beteiligt waren, verteilt wird (Abb. 8). Die Partizipanten stellen dabei die Produktionsfaktoren »Arbeit«, »Kapital« und die »gesamtgesellschaftliche Infrastruktur« zur Verfügung. Festzuhalten bleibt somit, dass die Wertschöpfung nicht gleich der Gewinn einer Unternehmung ist. Auf der Makroebene betrachtet bedeutet dies, dass die Wertschöpfung einen Beitrag zur Volkswirtschaft bzw. zum Volkseinkommen leistet und nicht ausschließlich dem Unternehmen zugutekommt. Somit umfasst diese Leistungsgröße neben den ökonomischen weitere soziale Implikationen (vgl. HALLER 2002, S. 2132).

3.2 Zum Konzept der Wertkette

Die wohl geläufigste Deskription des Wertschöpfungsprozesses ist die sogenannte Wertkette, »value-chain« nach MICHAEL PORTER. Jene Wertkette unterscheidet dabei nach primären, an der Wertbildung direkt beteiligten und sekundären, unterstützenden Aktivitäten (vgl. MÖLLER 2006, S. 81, PORTER 2000, S. 75ff.). Als Archegeten des Konzeptes, welches im Folgenden näher behandelt werden soll, gelten die sogenannte Ressourcenanalyse und die Analyse des Geschäftssystems. Die Analyse des Geschäftssystems betrachtet dabei nicht mehr ausschließlich die Kostenseite, sondern auch den Faktor der Leistungserstellung und umfasst somit die grobstrukturierte Folge der Produktionsschritte. Die Ressourcenanalyse geht demgemäß der Frage nach, welche Ressourcen für den Prozess beansprucht werden (vgl. GUTSCHELHOFER 2002, S. 2120f.). Es findet somit eine „[...] produktbezogene Bestandsaufnahme der Ressourcen eines Unternehmens [...]" und eine weiterführende Analyse „[...] der Bedeutung der einzelnen Ressourcen für den Wertschöpfungsprozess [...]" statt (ebd., S.2121).

Die »value-chain« PORTERS geht darüber hinaus und stellt ein Gestaltungsinstrument auf bzw. dar, welches das Erlangen und die Sicherung diverser Wettbewerbsvorteile zum Ziel hat. Ein Wettbewerbsvorteil ist dabei das Resultat aus dem Wert, dem Betrag, den ein Abnehmer zu zahlen bereit ist, der von einem Unternehmen für den Kunden geschaffen wird. Somit stellt die Wertkette einen breiten Strom etlicher wirtschaftlicher Tätigkeiten dar, die in Subketten, bis zum jeweiligen Arbeitsschritt zurückgebrochen, dargestellt werden können (vgl. ebd., S. 2131f.). Die Wertschöpfungskette beschreibt demnach den ganzheitlichen Weg eines Produktes oder einer Dienstleistung vom Erzeuger über die Verarbeiter bis zum Endkunden und demnach die einzelnen Wertschöpfungsstufen (vgl. BÜHLER/SCHUBERT 2008, S. 6).

3.3 Regionale Wertschöpfungsketten, -partnerschaften und -netzwerke

Wie in Kapitel 2.2 aufgeführt wurde, sind besonders die Regionen des ländlichen Raumes einer nachhaltigen Entwicklungsstrategie bedürftig. Eine Möglichkeit der regionalen Entwicklung soll somit an dieser Stelle näher erläutert werden: die Stärkung regionaler Wertschöpfungsketten und -partnerschaften.

Das Konzept der regionalen Wertschöpfungsketten impliziert, dass der mehrheitliche Anteil der Wertschöpfungsstufen, der wertschöpfenden Tätigkeiten in der Region erbracht wurde. Demnach verbleibt der überwiegende Teil der Wertschöpfung in der Region und fließt nicht in andere Regionen ab (vgl. BÜHLER/SCHUBERT 2008, S. 6). Wie soeben beschrieben wurde, hat dieser Prozess der Wertschöpfung in der Region sowohl ökonomische als soziale Effekte zur Folge. Demnach kann dies als Möglichkeit einer nachhaltigen Entwicklung und Inwertsetzung des ländlichen Raumes verstanden werden, profitiert doch ebenfalls die ganzheitliche Region in großem Maße von der Mehrwertgenerierung. Eine Grafik des Instituts TAURUS zeigt, wie ein optimaler regionaler Wertschöpfungskreislauf aussehen könnte (Abb. 9). Dieses Modell ist dabei nicht als Ziel, gleichsam aber sehr wohl als Optimum eines innerregionalen Wertschöpfungszyklus zu verstehen. Vereinfacht dargestellt, verlässt und erreicht im Idealfall nur wenig die Region. Produktion, Kon-

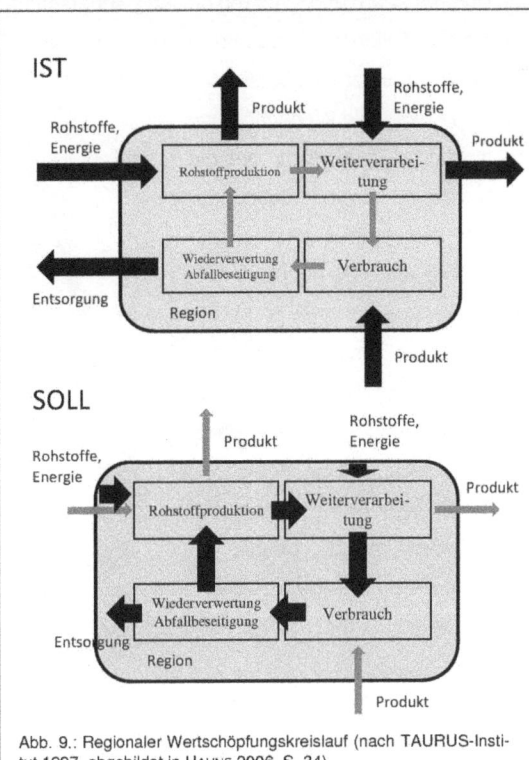

Abb. 9.: Regionaler Wertschöpfungskreislauf (nach TAURUS-Institut 1997, abgebildet in HAHNE 2006, S. 34).

sum und Entsorgung erfolgen demnach verstärkt in der eigenen Region (vgl. Bundesgeschäftsstelle REGIONEN AKTIV 2007, S. 8). Damit ist mitnichten eine innerregionale Subsistenzwirtschaft gemeint, sondern vielmehr die Tatsache, dass die Region sich ihren Verhältnissen und Möglichkeiten gerecht optimal selbst versorgt.

Kleine und mittelgroße Unternehmen in den ländlichen Regionen agieren häufig als Einzelwirtschafter und konzipieren, produzieren und vermarkten in Eigenregie. Der Konkurrenzdruck durch die Großunternehmen, die regionenübergreifend produzieren und vermarkten, ist gewaltig und stellt die kleinen Unternehmen vor immer größere Herausforderungen (vgl. hierzu auch GOTHE 2007, S. 36). Eine Möglichkeit dieser Entwicklung und Wettbewerbsohnmacht entgegen zu wirken, ist die Zusammenarbeit in jenen regionalen Wertschöpfungsketten bzw. der Zusammenschluss in sogenannten regionalen Wertschöpfungspartnerschaften (Abb. 10) und Netzwerken. Dabei handelt es sich um strategische Allianzen zwischen den einzelnen, in der Region angesiedelten Unternehmern und einer regionalen Partnerschaft, welche wiederum aus Akteuren der Politik, Zivilgesellschaft und Verwaltung besteht. Die regionale Wertschöpfungspartnerschaft setzt sich somit zum Ziel, eine regionale Wertschöpfung nachhaltig zu realisieren und die Potenziale der Inwertsetzung der Region zum Vorteil aller auszubauen (vgl. BMELV 2008b, S. 19, BÜHLER/SCHUBERT 2008, S. 5). Die Unternehmen leisten somit einen entscheidenden Beitrag, wenn es darum geht, in der Region Arbeitsplätze zu schaffen bzw. zu sichern, die Wertschöpfung zu steigern und Qualitätsprodukte zu generieren, zu vermarkten, die dem Konkurrenzdruck durch große Unternehmen standhalten, sei es durch eine herausragende Qualität oder durch das Konstituieren einer regionalen Identität (vgl. BÜHLER/SCHUBERT

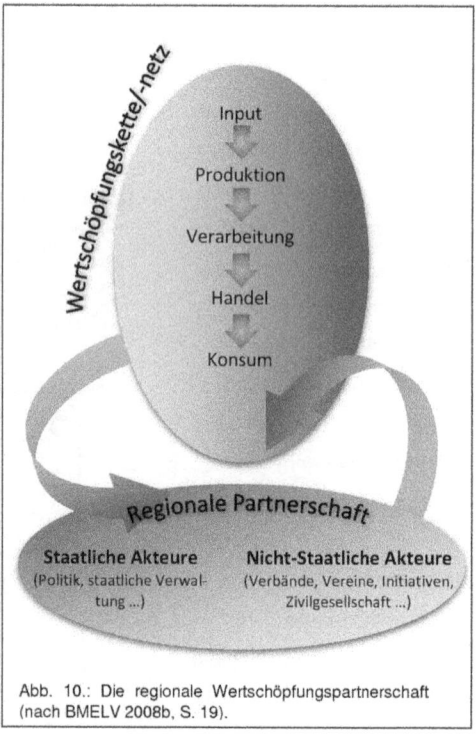

Abb. 10.: Die regionale Wertschöpfungspartnerschaft (nach BMELV 2008b, S. 19).

2008, S. 7). „Dazu ist es notwendig, dass alle beteiligten Akteure an einem Strang ziehen, denn die Kette ist nur so stark wie ihr schwächstes Glied" (WEIß 2006, S. 33). Die Partnerschaften orientieren sich dabei stark am Verbraucher und besinnen sich auf ihre regionalen Kernkompetenzen. Dazu ist jedoch ein professionelles und vor allem systematisches Management erforderlich, welches beispielsweise durch REGIONEN AKTIV ermöglicht wurde (vgl. ELBE/SCHUBERT 2008, S. 40).

4. REGIONEN AKTIV – Land gestaltet Zukunft

Die vorherigen Kapitel haben gezeigt, wie vielfältig der ländliche Raum und die Problematik, die jenen umgibt, ist. Da der ländliche Raum aufgrund seines heterogenen Wesens, seiner vielen Gesichter und der besagten Multifunktionalität mitnichten einheitlich zu definieren ist, so können die Problemfelder ebenfalls unter keinen Umständen mittels vorgefertigter, standardisierter Lösungsansätze einer nachhaltigen Entwicklung unterzogen werden. Die in Kapitel 2.2 aufgeführten fünf Ziele und Notwendigkeiten einer nachhaltigen ländlichen Entwicklung sollen im Folgenden abermals als Ausgangspunkt fungieren. Dem fünften Ziel, den somit in Kapitel 3 erläuterten regionalen Wertschöpfungsketten und -partnerschaften soll dabei eine besondere Aufmerksamkeit zuteilwerden, da jene, wie im folgenden Kapitel deutlich werden wird, die anderen vier Ziele einer nachhaltigen ländlichen Entwicklung ebenfalls aufgreifen. Das Konzept der regionalen Wertschöpfung steht somit im Mittelpunkt der nachfolgenden Untersuchung. Eingangs soll das Modellvorhaben zunächst einmal vorgestellt werden.

4.1 Der Ansatz und Ablauf des Modellvorhabens REGIONEN AKTIV

Der Prozess einer nachhaltigen ländlichen Entwicklung beginnt beispielsweise mit den einzelnen Akteuren, Verbänden bzw. Vereinen der Wirtschaft, der Politik oder privater Bürger, die der Überzeugung sind, der Region, anhand welcher Aspekte sie sich auch zu definieren pflegt, müsse eine Unterstützung zuteil werden, sodass sie in vielerlei Hinsicht einer Aufwertung unterzogen wird. Diese vorerst unstrukturierten Gedanken sind das Fundament eines folgenden regionalen Entwicklungskonzeptes (vgl. hierzu auch BMVEL 2005, S. 11). An dieser Stelle setzt das Modell- und Demonstrationsvorhaben REGIONEN AKTIV des Bundesministeriums für Ernährung, Landwirtschaft und Verbraucherschutz an und eröffnet neuartige Wege in der Regionalentwicklung. Es setzt sich dabei zum Ziel, den ländlichen Raum zukunftsfähig zu machen und eine nachhaltige Entwicklung zu initiieren (vgl. BMELV 2008b, S. 6).

Die Problemlage im ländlichen Raum ist unverkennbar und fordert die Politik auf, ein eindeutiges Zeichen zu setzen, um jener Problematik entgegen zu wirken. Somit schrieb das Bundesministerium für Ernährung, Landwirtschaft und Verbraucherschutz (BMELV, zuvor BMVEL) im Jahr 2001 das Modellvorhaben bzw. den Wettbewerb »RE-GIONEN AKTIV – Land gestaltet Zukunft« aus, um innovative Ideen zur Entwicklung des ländlichen Raumes zu fördern. Folglich wurden in der gesamten Bundesrepublik regionale Vertreter und Akteure dazu aufgefordert, individuelle Entwicklungsvisionen und Konzepte, die ihrer Lage entsprechend zugeschnitten sind, auszuarbeiten. Jene sollten schließlich als nachahmenswerte Exempel für andere Regionen der Bundesrepublik Deutschland dienen.

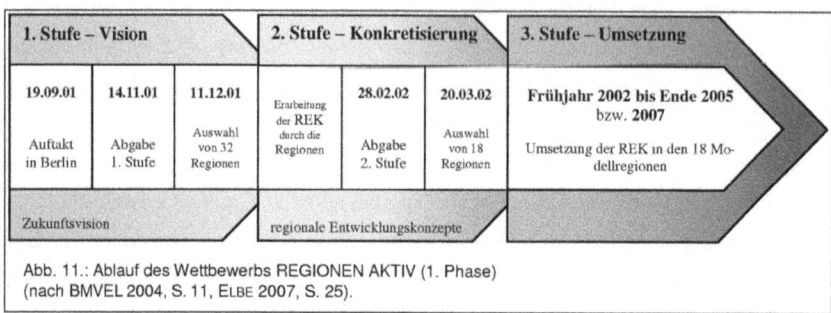

Abb. 11.: Ablauf des Wettbewerbs REGIONEN AKTIV (1. Phase)
(nach BMVEL 2004, S. 11, ELBE 2007, S. 25).

Das Vorhaben wurde dabei als Wettbewerb konzipiert (Abb.11). In der ersten Phase wurden interessierte Regionen in ganz Deutschland dazu aufgerufen, innerhalb von 8 Wochen eine Zukunftsvision für ihre Region, die es nach eigenen Kriterien abzugren-zen galt, zu entwerfen. Auf ca. 15 Seiten sollten somit die Regionsabgrenzung (vgl. Kapitel 4.2) und die Begründung jener, eine Zukunftsvision und die Beschreibung einer möglichen Umsetzung der vorgestellten Vision, der potenziellen Partnerschaft inner-halb der Region, kurz konzeptualisiert werden (vgl. WEIß 2007, S. 35f.). Dabei sollte die Abgrenzung der Regionen mitnichten anhand vorhandener administrativer Gren-zen gezogen, sondern vielmehr aufgrund gemeinsamer Potenzial- und Problemräume definiert werden. Ziel war es, dass sich alle Akteure einer Region zusammenschließen und ihre Konzepte gemeinsam binden. Das BMELV richtete zusätzlich eine spezifische Geschäftsstelle ein, um den Regionen bei der Entwicklung ihrer Visionen zu helfen. Sonach verkündeten insgesamt 206 Regionen ihr Interesse an diesem Projekt. Dabei waren alle Bundesländer der Bundesrepublik Deutschland vertreten. Dennoch traten nur fünf länderübergreifende Regionen an. Im Dezember 2001 wurden schließlich 32 Regionen ausgewählt, die in die nächste Stufe aufstiegen. Die Auswahl traf dabei eine

Jury, die aus den Interessenvertretern des ländlichen Raumes zusammengesetzt war. Jene 32 Regionen erarbeiteten nun in der zweiten Phase, der sogenannten Qualifizierungsphase, auf ca. 50 Seiten ein regionales Entwicklungskonzept (vgl. BROCKS/WEIß 2002, S. 35f.). Diese regionalen Entwicklungskonzepte dienen dabei als Handlungsgrundlage und sind eine Niederschrift der geplanten Themen, Ideen und Prozesse. Sie beinhalten demnach auch die nähere Beschreibung der Regionsabgrenzung und sogenannte Identitätsmerkmale (vgl. ELBE 2007,

Abb. 12.: Die 18 Modellregionen (eigene Darstellung).

S. 78). Somit wurden im März 2002 in Berlin 18 Modellregionen (Abb. 12) ausgewählt, die jene Vielfalt des ländlichen Raumes widerspiegeln sollten (vgl. BROCKS/WEIß 2002, S. 36). Die Auswahlkriterien reichten dabei von der Kurzbeschreibung der Region über das regionale Leitbild, die Entwicklungsstrategie, die etwaigen Handlungsfelder und die Partnerschaften innerhalb der Regionen bzw. die Finanzierungskonzepte bis zu den Umsetzungsvorschlägen und Pilotprojekten (vgl. BMVEL 2001, S. 17f.). In den folgenden drei Jahren (Umsetzungsphase) erhielten die 18 ausgewählten Modellregionen eine Förderung durch das BMELV von ca. 55 Mio. Euro, um ihre innovativen Ideen und Ansätze weiterzuentwickeln, umzusetzen und einzelne Modellprojekte zu starten. Im Jahre 2006 startete die zweite, zweijährige Phase des Modellvorhabens. Hierbei, und darauf soll im Folgenden abermals eingegangen werden, standen die regionalen Wertschöpfungspartnerschafen im Mittelpunkt der regionalen Entwicklung (vgl. BMELV 2008b, S. 7).

4.2 Zur Entwicklung einer regionalen Abgrenzung

Wie im vorherigen Unterkapitel beschrieben wurde, kam den Bewerberregionen die Aufgabe zu, ihre Region definitorisch abzugrenzen. Somit offenbarte sich jene Abgrenzung als erste Hürde und Bewährungsprobe für die Bewerber, da eine strikte Gebietsabgrenzung mitnichten leicht zu vollziehen war (vgl. dazu Kapitel 2.3). Die besondere

19

Schwierigkeit lag darin, die Akteure der angestrebten Regionen zu einen und somit festzulegen, welche Gebiete in die Abgrenzung der Region fallen und welche nicht. Regionen etablieren sich in diesem Fall als neuartige politische Ver-

	von	bis
Fläche	1.000 km²	5.810 km²
	Östl. Ruhrgebiet	*Meckl. Seenplatte*
Einwohnerdichte	30 EW/km²	1.200 EW/km²
	Barnim Uckermark	*Östl. Ruhrgebiet*
Arbeitslosen-quote	3,5 %	28,4%
	Kreis Reutlingen	*Odermündung*

Abb. 13.: Strukturdatenbandbreite der 18 Modellregionen (nach BMELV 2008b, S. 7).

waltungseinheiten, wobei der Prozess einer genauen Abgrenzung der Region äußert komplex ist und eine große Herausforderung darstellt, müssen sich das geographische Gebiet und der identitätsbildende Raum mit jener politischen Verwaltungseinheit keinesfalls decken (vgl. ORLOWSKI 2005, S. 37). So versucht sich beispielsweise die Modellregion Altmark in jener Hinsicht vom gesamten Bundesland abzugrenzen, dass sie dem Land Sachsen-Anhalt nicht nur geographisch untergeordnet ist, sondern vergleichsweise nachteilige Strukturdaten (Arbeitslosenquote, Einwohnerzahl/-dichte, Pendlerquote) aufzuweisen hat (vgl. Regionale Planungsgemeinschaft Altmark 2002, S. 5ff.). Demnach wird hier die Region anhand diverser negativer Gemeinsamkeiten konstituiert. Die Altmark zeichnet sich als strukturschwacher ländlicher Raum aus, der große Anpassungsprobleme aufzuweisen hat. Hierbei spielt nicht selten die historische Vergangenheit eine wichtige Rolle (vgl. dazu Kapitel 2.1). So wird in der Region Östliches Ruhrgebiet der unaufhaltsame Prozess der Deindustrialisierung als verbindendes Charakteristikum herangezogen und teilweise für das einbrechende produzierende Gewerbe verantwortlich gemacht (vgl. GÖDDE 2002, S. 5f.). Erstaunlich ist dabei, dass die meisten Regionen dennoch oder gerade aufgrund der Definitionsschwierigkeiten der Regionsabgrenzung auf die administrativen Grenzen zurückgriffen (vgl. BROCKS/WEIß 2002, S. 36). Dabei zeichnet sich das Modellvorhaben REGIONEN AKTIV gerade durch jene Möglichkeit der freien, selbstbestimmten Regionsabgrenzung aus. Die Kontraste zwischen den einzelnen Regionen sind dennoch ausgeprägt sichtbar. Wie die Strukturdaten zeigen (Abb. 13), gab es von staatlicher Seite keine Beschränkungen hinsichtlich der Definitionskriterien. Einzig die Begründung der gewählten Abgrenzung musste schlüssig formuliert werden (vgl. BMELV 2008b, S. 22f.). Die Abgrenzung ist dabei idealerweise groß genug, um alle sozioökonomischen Faktoren zu implizieren, aber dennoch klein genug, dass eine Identifikation mit der Region möglich ist (vgl. BROCKS/WEIß 2002, S. 36).

4.3 Die Besonderheiten des Modellvorhabens REGIONEN AKTIV

Im folgenden Unterkapitel soll auf die Besonderheiten und das Alleinstellungsmerkmal des Modellvorhabens REGIONEN AKTIV eingegangen werden. Demnach findet eine Revision der in den ersten Kapiteln erarbeiten theoretischen Konzepte statt. Dazu lohnt ein Rückblick auf die in Kapitel 2.2 dargestellten fünf Ziele zur nachhaltigen Entwicklung der ländlichen Räume, da REGIONEN AKTIV auf jene spezifischen Bestrebungen einzugehen und diese somit umfassend aufzugreifen scheint.

Das Modellvorhaben REGIONEN AKTIV setzt sich dabei drei Hauptschwerpunkte, die mit den Zielen einer nachhaltigen Entwicklung der ländlichen Räume korrelieren. Die Natur- und Umweltverträglichkeit bezieht sich dabei auf das dritte Ziel und strebt eine Balance zwischen den ökologischen, ökonomischen und sozialen Belangen an. Ein weiteres Ziel ist die nachhaltige Förderung der Beschäftigung und der regionalen Wertschöpfung und bezieht sich somit auf das fünfte Bestreben einer nachhaltigen ländlichen Entwicklung. Demnach soll das Potenzial der Regionen genutzt werden, um die eigene regionale Wirtschaftskraft zu entfalten und damit zum Erhalt der Wettbewerbsfähigkeit beizutragen. Gleichsam würde die Arbeitslosigkeit bekämpft und das Kapital in der Region gehalten werden (Abb. 9). Nicht zu vernachlässigen ist dabei, dass das Vorhaben REGIONEN AKTIV als Modell für andere ländliche Regionen dienen und somit zur Erkenntnis über staatliche Forschung beitragen soll (vgl. hierzu auch BMELV 2008b, S. 6). Somit grenzt sich REGIONEN AKTIV in erheblichem Maße von anderen Förderprogrammen ab. Im Gegensatz zum Förderprogramm LEADER der Europäischen Union zeichnet sich REGIONEN AKTIV dadurch aus, dass nun die Entscheidungskompetenzen direkt in die Regionen verlagert wurden (vgl. ELBE et al. 2007, S. 17). Demnach werden, der Bezug auf das erste

Die Jury:

- Dachverband der Deutschen Natur- und Umweltschutzverbände e.V. (DNR)
- Verbraucherzentrale Bundesverband e.V. (vzbv)
- Deutscher Bauernverband e.V. (DBV)
- Arbeitsgemeinschaft bäuerliche Landwirtschaft e.V. (AbL)
- Arbeitsgemeinschaft ökologischer Landbau (AGÖL)
- Deutscher Städte- und Gemeindebund
- Deutscher Landkreistag
- Zentralverband des deutschen Handwerks (ZDH)
- Firma tegut
- Deutscher Landfrauenverband e.V. (dlv)
- Fachgebiet Ökologische Lebensmittelqualität und Ernährungskultur; Universität Gesamthochschule Kassel
- Fachbereich Landwirtschaft, Fachhochschule Weihenstephan, Triesdorf

Abb. 14.: Die Jury des Modellvorhabens (nach BMVEL 2002, S. 9)

21

Ziel einer nachhaltigen ländlichen Entwicklung ist unverkennbar, die Menschen vor Ort nicht mehr bevormundet und verantworten die Entwicklung ihrer Region in Eigenregie. Daher bestand die Jury des Modellvorhabens aus zahlreichen Interessenvertretern des ländlichen Raumes (Abb. 14). REGIONEN AKTIV stellt somit ein völlig neues Staatverständnis dar und räumt dem Staat lediglich Steuerungsmöglichkeiten moderierender bzw. aktivierender Form ein. „[Das] Ziel von Regionen Aktiv ist [demnach] eine Ergänzung staatlichen Handelns [...] durch weniger institutionalisierte Koordinationsmechanismen [...]" (IfLS 2004, S. 1, zitiert nach WEIß 2006, S. 38). Die größte Besonderheit des Modellvorhabens besteht somit darin, dass alle Landesregierungen und somit die dezentralen Organe umgangen werden (vgl. WEIß 2006, S. 39). REGIONEN AKTIV verlagerte somit in vierfacher Hinsicht die Verantwortung und Steuerung der regionalen Entwicklung und stellte gleichsam eine finanzielle Unterstützung bereit. Ebendarum waren die Modellregionen (1) inhaltlich dazu angehalten, ihre Projektauswahl selbst zu treffen und eine regionale Partnerschaft zu initiieren. Darüber hinaus wurde ein (2) prozessuales Entscheidungs- und Managementorgan ins Leben gerufen. Während des gesamten Vorhabens unterstütze REGIONEN AKTIV die Teilnehmer mit (3) Fördergeldern und übernahm ausschließlich eine (4) administrative Rolle (vgl. hierzu auch WEIß 2006, S. 43). Diese Form der dezentralen Selbststeuerung stellt daher zum einen ein gewaltiges Potenzial und zum anderen die Krux des gesamten Vorhabens dar. Diese Eigenständigkeit trägt ebenfalls dazu bei, dass sich die Regionen als Verantwortungsgemeinschaft verstehen und eine eigene Identität konstituieren. Das zweite Ziel, die Steigerung der Lebensqualität ist somit in allen anderen Zielen enthalten und das zentrale Bestreben des gesamten Vorhabens.

Abschließend soll an dieser Stelle noch einmal, um den Bogen zur Ausgangsthematik zu schlagen, auf die regionale Wertschöpfung eingegangen werden. Besonders die zweite Phase des Modellvorhabens REGIONEN AKTIV konzentrierte sich ganz auf jene Wertschöpfungsketten und Wertschöpfungspartnerschaften. Somit sollten ebenfalls mehr private Unternehmen in den regionalen Entwicklungsprozess eingebunden werden (vgl. BMELV 2006, S. 28). Jene regionalen Wertschöpfungspartnerschaften stellten ebenfalls ein Alleinstellungsmerkmal der einzelnen Regionen dar und förderten die regionale Lern- bzw. Innovationsfähigkeit (Know-how). Von jenen Entwicklungen profitieren anschließend sowohl die etwaigen Unternehmen, die Kunden als auch alle anderen Akteure der Region. Die Ziele der einzelnen Beteiligten müssen dabei keinesfalls korrelieren und bedingen sich dennoch gegenseitig. Somit können regionale Lieferengpässe und fehlende Verarbeitungsstufen vermieden und Liefer- bzw. Wertschöpfungsketten ausgebaut werden. Es entsteht ein Netzwerk der Kommunikation. Qualitativ hochwertige Regionalprodukte werden erzeugt und sorgen bestenfalls für große Absätze (vgl. ELBE/SCHUBERT 2008, S. 40f.). REGIONEN AKTIV unterstütze demnach diesen schwierigen, langatmigen Prozess der Inwertsetzung der regionalen Wirtschaft.

5. Fazit und ein kritischer Ausblick

Somit möchte ich nun abschließend mein Beispiel, welches mich auf den Weg dieser Thematik führte, erneut aufgreifen und eine detaillierte inhaltliche Zusammenfassung der vorherigen Kapitel zurückstellen. Vielmehr ist es wichtiger, den roten Faden zur anfänglichen Leitfrage nicht verloren gehen zu lassen und diesen erneut aufzugreifen.

Eine mustergültige Umsetzung einer regionalen Förderung, Inwertsetzung und Initiierung einer Wertschöpfungspartnerschaft zeigt die Regionalmarke EIFEL, die durch das Modellvorhaben REGIONEN AKTIV verwirklicht wurde. So haben in der Region Bitburg-Prüm verschiedene Akteure und regionale Interessengruppen eine Dachmarke für regionale Produkte und touristische Angebote gegründet (vgl. ELBE/SCHUBERT 2008, S. 41). Innerhalb von fünf Jahren wurde ein Netzwerk regionaler Wertschöpfungsketten geschaffen, das die Erzeugung von insgesamt 200 Qualitätsprodukte beinhaltet. Diese Komplexität setzt eine effiziente Organisation voraus, trägt aber gerade deshalb positiv zum Tourismusimage der Eifel bei und stellt den Verbrauchern eine Bandbreite attraktiver Produkte zur Verfügung. Die Kundenorientierung steht somit im Mittelpunkt der Eifel Wertschöpfungsketten. Qualität und Transparenz in Erzeugung und Verarbeitung sind die Credos der Partnerschaft, welche aus insgesamt 64 landwirtschaftlichen Betrieben und weiteren touristischen und handwerklichen Unternehmen besteht. Die Qualität wird dabei stets durch die übergreifende Management- und Vermarktungsabteilung der EIFEL GmbH sichergestellt. Darüber hinaus zeigt jenes Beispiel die Komplexität und die Problematik dieses Vorhabens auf, hatte doch auch die Regionalmarke EIFEL zu Beginn mit Absatzschwierigkeiten zu kämpfen. Nur durch einen langen Atem und durch die finanzielle und organisatorische Unterstützung durch das Fördervorhaben REGIONEN AKTIV konnten jene Rückschläge verkraftet und vorzeigbare Erfolge ermöglicht werden (vgl. dazu auch BMELV 2008a). „Mit der Regionalmarke EIFEL wurde ein Rohdiamant geschaffen, der nun weiter geschliffen werden muss" (Markus Pfeifer, Geschäftsführer der Regionalmarke EIFEL GmbH, zitiert nach ebd., S. 4).

Aufgrund des über die Laufzeit des Modellvorhabens hinausgehenden Erfolges bestätigt sich der Leitsatz der Förderung: nachhaltige ländliche Entwicklung. Die Regionalmarke EIFEL ist dafür ein herausragendes Beispiel. Dennoch ist ebenfalls unbestreitbar ersichtlich, dass mit dem Ende des Modellvorhabens und der Förderung auch eine gewisse Stille um viele potenziell erfolgreiche Ideen, Ansätze und Projekte eingetreten ist. Viele Internetpräsenzen und Telefonanschlüsse wurden abrupt abgemeldet und ehemalige Ansprechpartner sind, bis auf wenige Ausnahmen, unauffindbar. Selbst das Bundesministerium für Ernährung, Landwirtschaft und Verbraucherschutz (BMELV), seit dem 17. Dezember 2013 umbenannt in Bundesministerium für Ernährung und Landwirtschaft (BMEL), wirbt nur noch sporadisch mit den augenscheinlich fantastischen Erfolgen des Förderprogrammes und stellt keine Informationsmaterialen mehr zur Verfügung. Somit stellt sich am Ende dieser Ausarbeitung die Frage, wie nachhaltig das Modellvorhaben REGIONEN AKTIV tatsächlich gewesen sein mag. Meiner Auffassung nach rücken jene Tatsachen den Erfolg des Förderprogrammes REGIONEN AKTIV aber mitnichten in ein schlechtes Licht. Demnach ermöglichte das Bundesministerium als Fördermittelgeber und Initiator von REGIONEN AKTIV durch die im letzten Kapitel erläuterte Verschiebung der Entscheidungskompetenzen in die einzelnen Regionen langfristige Einsparungen von bis zu 20% (im Vergleich zu ähnlichen Förderprogrammen). Finanzielle und andersartig unterstützende Mittel können sonach zielgerichteter und effizienter eingesetzt werden. Des Weiteren fühlen sich die Fördermittelempfänger in das Vorhaben integriert und vor allem akzeptiert (vgl. WEIß 2006, S. 53), setzte das Modellvorhaben doch häufig dort an, wo seit längerem Probleme bestanden. Wie eine Umfrage BROCKS' und WEIß' zeigt, bildeten nur 45 von 98 befragten Nicht-Gewinnerregionen des Wettbewerbes neue Kooperationsstrukturen für eben jene Teilnahme heraus (vgl. BROCKS/WEIß 2002, S. 55). Somit kann festgehalten werden, dass REGIONEN AKTIV erfolgreich an bereits vor dem Modellvorhaben bestehende Konzepte anzuknüpfen versuchte. Selbst viele der Nicht-Gewinner verfolgten ihre Ziele weiterhin. 37% der befragten Regionen versuchten daher ihre Ideen auch ohne staatliche Fördermittel in die Tat umzusetzen. An den weiterhin bestehenden finanziellen Schwierigkeiten scheiterte dieses Vorhaben dennoch in vielen Fällen (vgl. ebd., S. 58). Und obwohl die Jury aus verschiedenen, »unabhängigen« Interessenvertretern des ländlichen Raumes zusammengesetzt war, gaben zwei Drittel der befragten Nicht-Gewinner an, das Wettbewerbsergebnis für nicht nachvollziehbar zu halten. Eine offizielle Begründung für das Ausscheiden wurde somit nur in wenigen Fällen übermittelt (vgl. ebd., S. 64). Es ist daher durchaus einer kritischen Hinterfragung wert, inwiefern das Modellvorhaben REGIONEN AKTIV tatsächlich als »best-practice«, modellgenerierend und anstrebenswert zu bezeichnen ist, haben doch viele der Nicht-Gewinner keine wirklichen konstruktiven Erkenntnisse gewonnen. REGIONEN AKTIV ist also viel weniger der Impulsgeber für regionale Entwicklung über das eigentliche Modellvorhaben hinaus, als es vorerst den Anschein machte. Weder eine vorschnelle Euphorie noch eine schwarzmalende Dysphorie sind an dieser Stelle angebracht.

Der Vollständigkeit halber soll an dieser Stelle abschließend gezeigt werden, dass die Idee der Modellvorhaben und Wettbewerbe weiterhin verfolgt wird. Auf Nachfrage wies die zentrale Anlaufstelle für Bürgeranfragen der Bundesanstalt für Landwirtschaft und Ernährung (BLE), der sogenannte »Verbraucherlotse«, das Modellvorhaben »LandZukunft«, welches 2011 ins Leben gerufen wurde, offiziell als Nachfolger des vorherigen Vorhabens REGIONEN AKTIV aus. Dieses Modellvorhaben sucht ebenfalls nach neuen Wegen, eine integrierte ländliche Entwicklung zu fördern. Die zentralen Hauptaspekte sind abermals die regionale Wertschöpfung und darüber hinaus die Problematik des demographischen Wandels. Somit sollen Menschen mit Ideen und Unternehmergeist mobilisiert und Freiräume für etwaige Umsetzungen geschaffen werden. »LandZukunft« fungiert an dieser Stelle ebenfalls als Steuerungsansatz der moderierenden Art. Neuartig ist hierbei, dass nun auch das jeweilige Bundesland direkt in den Prozess eingebunden wird und zusammen mit dem BMELV/BMEL und der Modellregion prägnante Ziele vereinbart. Dabei entscheiden die regionalen Partnerschaften vor Ort, welche Projekte tatsächlich aus einem Regionalbudget gefördert und unterstützt werden sollen. Das Vorhaben gliedert sich ebenfalls in eine Start-/ bzw. Qualifizierungsphase und eine Umsetzungsphase (vgl. BMELV 2011, S. 6). Auffällig ist dabei, dass die Regionen anhand wissenschaftlicher Grundlagen bestimmt wurden. Das Institut für Ländliche Räume des Johann Heinrich von Thünen-Instituts (TI) hat mittels statistischer Kriterien jene ländlichen Räume mit wirtschaftlichen Problemen und Bevölkerungsrückgang ausgewählt und näher abgegrenzt (vgl. MARGARIAN/KÜPPER 2011, S. 4ff.). Das Modellvorhaben »LandZukunft«, welches noch bis Dezember 2014 läuft, stellt somit eventuell eine Weiterentwicklung des Vorhabens REGIONEN AKTIV dar und würde somit eine weitere, genaue Betrachtung der Umstände, Ziele und Erfolge nach dem Ablauf des Vorhabens notwendig machen. Eine Weiterführung der spezifischen Thematik dieser Ausarbeitung ist demnach an anderer Stelle, zu einem späteren Zeitpunkt durchaus denkbar.

Literaturverzeichnis

BATHELT, HARALD/GLÜCKLER, JOHANNES (2012): Wirtschaftsgeographie. Ökonomische Beziehungen in räumlicher Perspektive. Stuttgart: UTB (3. Aufl.).

BLOTEVOGEL, HANS HEINRICH (1996): Auf dem Wege zu einer ‚Theorie der Regionalität‘: Die Region als Forschungsobjekt der Geographie. In: BRUNN, GERHARD (Hg.): Region und Regionsbildung in Europa. Konzeptionen der Forschung und empirische Befunde. Baden-Baden: Nomos, S. 44-68.

BRAUN, BORIS/SCHULZ, CHRISTIAN (2012): Wirtschaftsgeographie. Stuttgart: UTB.

BROCKS, SILKE/WEIß, KATRIN (2002): Das Instrument des Wettbewerbs als Impulsgeber für regionale Zusammenarbeit. Evaluation des Wettbewerbs „Regionen Aktiv" hinsichtlich seiner Wirkungen auf die nicht als Modellvorhaben geförderten Regionen. Dissertation. Dortmund: o.V.

BÜHLER, JOSEF/SCHUBERT, DIRK (2008): Regionale Wertschöpfungspartnerschaften. Leitfaden. Hürth: http://neulandplus.de/_ccms/download.php?attachment=1-download_leitfaden_rwp.pdf (download: 31.01.2014).

Bundesamt für Bauwesen und Raumordnung (BBR) (2005): Raumordnungsbericht 2005. Bonn: http://www.bbsr.bund.de/BBSR/DE/Veroeffentlichungen/Abgeschlossen/Berichte/2000_2005/Downloads/Bd21ROB2005.pdf?__blob=publicationFile&v=3 (download: 25.01.2014).

Bundesamt für Bauwesen und Raumordnung (BBR) (2012): Raumordnungsbericht 2011. Bonn: http://www.bbsr.bund.de/BBSR/DE/Veroeffentlichungen/Sonderveroeffentlichungen/2012/DL_ROB2011.pdf?__blob=publicationFile&v=2 (download: 25.01.2014).

Bundesgeschäftsstelle REGIONEN AKTIV (2007): Regionale Wertschöpfungs(ketten)-partnerschaften (RWP) in der ländlichen Entwicklung. Hintergrund, Ziele, Steuerung und Potenziale. Hürth: o.V. (nova-institut GmbH).

Bundesministerium für Ernährung, Landwirtschaft und Verbraucherschutz (BMELV) (Hg.) (2008a): Regionalmarke EIFEL: Qualität vom Stall bis an die Theke. Erfolgsgeschichte Nr. II. Regionale Wertschöpfungspartnerschaft. In: BMELV (Hg.) (2008): So haben ländliche Räume Zukunft. Ergebnisse und Erfahrungen des Modellvorhabens REGIONEN AKTIV. [CD-ROM]. Bonn: o.V.

Bundesministerium für Ernährung, Landwirtschaft und Verbraucherschutz (BMELV) (Hg.) (2008b): So haben ländliche Räume Zukunft. Ergebnisse und Erfahrungen des Modellvorhabens REGIONEN AKTIV. Bonn: o.V.

Bundesministerium für Ernährung, Landwirtschaft und Verbraucherschutz (BMELV) (Hg.) (2006): So haben ländliche Räume Zukunft. REGIONEN AKTIV: Ergebnisse 2002-2005 und Neuer Ansatz bis 2007. Bonn: o.V.

Bundesministerium für Ernährung, Landwirtschaft und Verbraucherschutz (BMELV) (Hg.) (2011): Modellvorhaben LandZukunft. Denkanstöße für die Praxis. Berlin: http://www.bmel.de/SharedDocs/Downloads/Broschueren/ModellvorhabenLandZu-kunft.pdf?__blob=publicationFile (download: 04.02.2014).

Bundesministerium für Verbraucherschutz, Ernährung und Landwirtschaft (BMVEL) (Hg.) (2005): Ländliche Entwicklung aktiv gestalten. Leitfaden zur integrierten ländli-chen Entwicklung. Bonn: Bonifatius.

Bundesministerium für Verbraucherschutz, Ernährung und Landwirtschaft (BMVEL) (Hg.) (2004): REGIONEN AKTIV – Land gestaltet Zukunft. Zwischenbericht zum Wett-bewerb. Bonn: o.V.

Bundesministerium für Verbraucherschutz, Ernährung und Landwirtschaft (BMVEL) (Hg.) (2001): REGIOEN AKTIV – Land gestaltet Zukunft. Informationen zum Wettbe-werb. Bonn: RMP.

Bundesministerium für Verbraucherschutz, Ernährung und Landwirtschaft (BMVEL) (Hg.) (2002): REGIONEN AKTIV – Land gestaltet Zukunft. Dokumentation zu den Ge-winnern des Wettbewerbs. Bonn: o.V.

DEIMLING, SABINE/VETTER, REINHOLD (2003): Regionalisierung aus verschiedenen Ak-teursperspektiven in der Wertschöpfungskette. In: KLUGE, THOMAS/SCHRAMM, ENGEL-BERT (Hg.): Aktivierung durch Nähe – Regionalisierung nachhaltigen Wirtschaftens. München: oekom, S. 52-57.

EDEKA Minden-Hannover Stiftung & Co. KG (Hg.) (2013): Arbeiten sie auch mit Liebe und Leidenschaft in ihrer Region? Werden sie Lieferant der EDEKA Minden-Hannover. Broschüre. Minden: http://www.edeka-gruppe.de/Unternehmen/media/edeka_minden_hannover/dokumente_1/Regio_Broschuere_2013.pdf (download: 01.02.2014).

ELBE, SEBASTIAN (2007): Die Voraussetzungen der erfolgreichen Steuerung integrierter Ansätze durch Förderprogramme. Untersucht am Beispiel des Modellvorhabens Regionen Aktiv. Dissertation. Aachen: Shaker.

ELBE, SEBASTIAN/KROËS, GÜNTER/BENZ, ARTHUR/LUKESCH, ROBERT/WEIß, KATRIN/BÖCHER, MICHAEL/KROTT, MAX/MEINCKE, ANNA/MIDDELMANN, UTE/PAYER, HARALD/RABENAU, JUTTA/TRÄNKNER, SEBASTIAN (2007): Begleitforschung „Regionen Aktiv". Synthesebericht und Handlungsempfehlungen. Göttingen: Universitätsverlag.

ELBE, SEBASTIAN/SCHUBERT, DIRK (2008): Regionale Wertschöpfung durch Partnerschaft. Mehr Ökonomie in integrierten Ansätzen, mehr integrierte Ansätze in der Ökonomie. In: Ländlicher Raum, Jg. 59, Heft 1, S. 40-42.

ERMANN, ULRICH (2005): Regionalprodukte. Vernetzungen und Grenzziehungen bei der Regionalisierung von Nahrungsmitteln. Stuttgart: Steiner.

ERMANN, ULRICH (2006): Aus der Region – für die Region? Regionales Wirtschaften als Strategie zur Entwicklung ländlicher Räume. In: Geographische Rundschau 58, Heft 12, S. 28-36.

GAITSCH, REGINA/GANZERT, CHRISTIAN (2003): Der Zuschnitt von Regionen und seine Bedeutung für das Regionalisierungspotenzial nachhaltigen Wirtschaftens am Beispiel der Vermarktung von regionalen Lebensmitteln. In: KLUGE, THOMAS/SCHRAMM, ENGELBERT (Hg.): Aktivierung durch Nähe – Regionalisierung nachhaltigen Wirtschaftens. München: oekom, S. 41-51.

GÖDDE, HUGO (2002): Modellregion „Östliches Ruhrgebiet" (Kreis Unna, Dortmund, Hamm). Unser Beitrag für die Wende in der Agarwirtschaft. In: BMELV (Hg.) (2008): So haben ländliche Räume Zukunft. Ergebnisse und Erfahrungen des Modellvorhabens REGIONEN AKTIV. [CD-ROM]. Bonn: o.V.

GOTHE, STEFAN (2007): Wertschöpfungsketten managen – aber wie? In: LEADER forum 1.2007, S. 36-37. http://www.netzwerk-laendlicher-raum.de/fileadmin/sites/ELER/ Dateien/05_Service/Publikationen/LEADERforum/LEADERforum_2007-1_Panorama.pdf (download: 31.01.2014).

GOTTWALD, FRANZ-THEO/STEINBACH, ANKE (2011): Nachhaltigkeits-Innovationen in der Ernährungswissenschaft. Von Bio-Pionieren und konventionellen Innovationsführern. Hamburg: Behr (2. Aufl.).

GUTSCHELHOFER, ALFRED (2002): Wertkette. In: KÜPPER, HANS-ULRICH (Hg.): Handwörterbuch Unternehmensrechnung und Controlling. Stuttgart: Schäffer-Poeschel, S. 2120-2130.

HAHNE, ULF (2006): Wertschöpfungsketten – neu entdeckt. In: LEADER forum 3.2006, S. 34-35. http://www.netzwerk-laendlicher-raum.de/fileadmin/sites/ELER/Dateien/05_ Service/Publikationen/LEADERforum/LEADERforum_2006-3_Panorama.pdf (download: 31.01.2014).

HALLER, AXEL (1997): Wertschöpfungsrechnung: Ein Instrument zur Steigerung der Aussagefähigkeit von Unternehmensabschlüssen im internationalen Kontext. Stuttgart: Schäffer-Poeschel.

HALLER, AXEL (2002): Wertschöpfung. In: KÜPPER, HANS-ULRICH (Hg.): Handwörterbuch Unternehmensrechnung und Controlling. Stuttgart: Schäffer-Poeschel, S. 2131-2142.

HASSE, SUSAN (2006): Immenser Kraftakt. In: Lebensmittel Zeitung 39, S. 33.

HENKEL, GERHARD (2004): Der ländliche Raum. Berlin: Borntraeger (4. Aufl.).

HOPPE, TIMON (2010): Der ländliche Raum im 21. Jahrhundert – Neubewertung einer unterschätzten Raumkategorie. Ein methodischer und regionaler Beitrag zur Kulturlandschaftsforschung und Raumplanung am Beispiel Schleswig-Holstein. Norderstedt: Books on Demand GmbH.

Institut für Ländliche Strukturforschung (IfLS) (Hg.) (2004): Wissenschaftliche Begleitforschung des Pilotprojektes „Regionen Aktiv – Land gestaltet Zukunft". Ergebnisse der Begleitforschung 2002-2003. Frankfurt am Main: o.V.

KALIWODA, JULIA (2007): Kriterien für regionale Lebensmittel und Fallstudien regionaler Produktketten in Osttirol. Diplomarbeit. Wien: Universität für Bodenkultur.

LARSEN, SOREN (2013): Rural Geography. In: Oxford Bibliographies Online: Geography. http://www.oxfordbibliographies.com/view/document/obo-9780199874002/obo-9780199874002-0031.xml (download: 05.02.2014).

LESER, HARTMUT (Hg.) (2011): Diercke-Wörterbuch Geographie. Raum – Wirtschaft und Gesellschaft – Umwelt. Braunschweig: Westermann (15. Aufl.), Artikel: Region.

MARGARIAN, ANNE/KÜPPER, PATRICK (2011): Identifizierung peripherer Regionen mit strukturellen und wirtschaftlichen Problemen in Deutschland. In: Berichte über Landwirtschaft. Zeitschrift für Agrarpolitik und Landwirtschaft, Bd. 89, Heft 2, S. 218-231.

MÖLLER, KLAUS (2006): Wertschöpfung in Netzwerken. München: Vahlen.

Organisation for Economic Co-operation and Development (OECD) (2007): OECD-Prüfbericht zur Politik für ländliche Räume. Deutschland. Paris: OECD Publishing.

ORLOWSKI, MONIKA (2005): Regionen Aktiv. Neue Wege in der Regionalförderung? Kassel: Unidruckerei.

PENKE, SWANTJE (2012): Ländliche Räume und Strukturen – mehr als eine „Restkategorie" mit Defiziten. In: DEBIEL, STEFANIE/ENGEL, ALEXANDRA/HERMANN-STIETZ, INA/LITGES, GERHARD/PENKE, SWANTJE/WAGNER, LEONIE (Hg.): Soziale Arbeit in ländlichen Räumen. Wiesbaden: Springer VS, S. 17-27.

PORTER, MICHAEL (2000): Wettbewerbsvorteile. Spitzenleistungen erreichen und behaupten. Frankfurt: Campus.

Regionale Planungsgemeinschaft Altmark (Hg.) (2002): Die Altmark – mittendrin: Integriertes Regionales Entwicklungskonzept der Region Altmark (Sachen-Anhalt). In: BMELV (2008): So haben ländliche Räume Zukunft. Ergebnisse und Erfahrungen des Modellvorhabens REGIONEN AKTIV. [CD-ROM]. Bonn: o.V.

SCHÖNBERGER, ROBERT (2011): Produktion folgt Logistik. Der Einfluss von Logistik-Clustern auf die regionale Wertschöpfung. Berlin: ESV.

SCHWAB, DANIELA (2010): Regionalprodukte haben's schwer – aber in sich! Hemmnisse und Potenziale von Regionalprodukten in der Metropolregion Nürnberg. In: KOPP, HORST (Hg.): Mitteilungen der fränkischen geographischen Gesellschaft, Bd. 57. Erlangen: Selbstverlag der Fränkischen Geographischen Gesellschaft, S. 17-30.

SEEHOFER, HORST (2008): Die Zukunft des ländlichen Raumes. In: Berichte über Landwirtschaft. Zeitschrift für Agrarpolitik und Landwirtschaft, 217. Sonderheft, S. 11-23.

SEIFERT, KATRIN/FINK-KEßLER, ANDREA (2007): Arbeit und Einkommen in und durch Landwirtschaft. Effekte der Zweiten Säule der Agrarpolitik am Beispiel der Region Hohenlohe – eine empirische Analyse. Filderstadt: Weinmann.

WEIß, KATRIN (2006): Regionen Aktiv – Land gestaltet Zukunft. Begleitforschung 2004 bis 2006. Abschlussbericht des Moduls 6. Die ökonomische Analyse des Regionen Aktiv-Ansatzes. Dortmund: o.V. (SPRINT GbR).

WEIß, KATRIN (2007): Der Mehrwert des regionalen Wettbewerbsansatzes gegenüber dem herkömmlichen Förderansatz. Das Beispiel REGIONEN AKTIV. Dissertation. Dortmund: o.V.

Abbildungsverzeichnis